REFLEXIONS SUR LE SYSTÊME DE *LA GÉNÉRATION*, DE M. DE BUFFON.

RÉFLEXIONS SUR LE SYSTÊME DE *LA GÉNÉRATION*, DE M. DE BUFFON;

Traduites d'une Préface Allemande de M. DE HALLER, *qui doit être mise à la tête du second Volume de la Traduction Allemande de l'Ouvrage de M.* DE BUFFON.

A GENEVE,
Chez BARRILLOT & FILS.

M. DCC. LI.

RÉFLEXIONS SUR LE SYSTÊME DE *LA GÉNÉRATION*, DE M. DE BUFFON;

Traduites d'une Préface Allemande de M. DE HALLER, *qui doit être mise à la tête du second Volume de la Traduction Allemande de l'Ouvrage de M.* DE BUFFON.

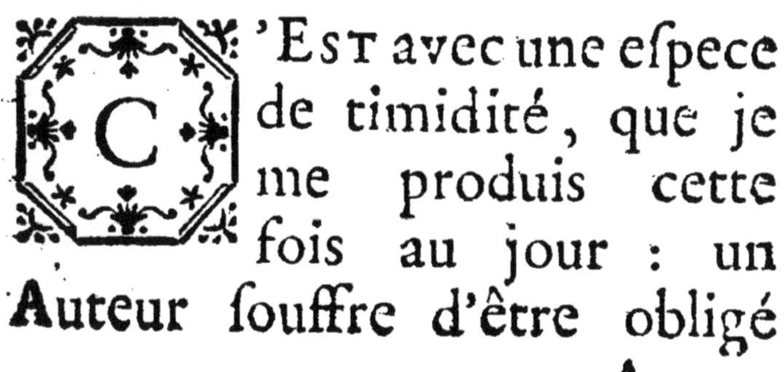

C'EST avec une espece de timidité, que je me produis cette fois au jour : un Auteur souffre d'être obligé d'implorer la patience de ses Lecteurs.

La foiblesse de mon corps rejaillit sur mon ame, & prive mon esprit d'une partie de ses forces dans un tems où mon entreprise les demande toutes : il s'agit de critiquer un homme que sa Nation, si lente à reconnoître de la supériorité, a jugé mériter ses éloges. Cette entreprise exige une connoissance & un jugement supérieur; cependant le tems presse, & la nécessité fixe l'impression de cette Préface à un tems déterminé.

Je ne puis éviter, quoique contre mon ordinaire, de réduire à deux chefs mes réflexions touchant le systême de M. de Buffon sur la génération. J'allegueraí en premier lieu quelques raiſons, qui m'empêchent d'adopter entiérement les ſentimens de cet ingénieux François. En ſecond lieu, j'examinerai ſi ſon établiſſement renouvellé de la génération par la pourriture, n'eſt point préjudiciable à la révélation. Comme il m'eſt impoſſible de cacher ici mon nom, je ſens très-bien que je pourrois m'expoſer au reſſentiment de l'Auteur, en tant que mon opinion ſe trouvera différente de la ſienne. Mais je me repoſe ſur l'équité que je me ſuis efforcé de ſuivre dans ma critique, ſur l'eſtime que j'ai pour les talens & les travaux de M. de Buffon, & ſur la préſomption indubitable que chez lui les qualités du cœur ne le cedent en rien à ceux de l'eſprit. Je n'ai que trop ſouvent ſouffert pour le parti de la vérité, & l'on n'a que trop ſouvent méconnu mes véritables ſentimens, en attribuant mon zéle pour les droits divins du vrai à l'envie de flétrir la gloire d'autrui : injuſte ſoupçon, qui devroit ſe diſſiper, ſi on réfléchiſſoit à la juſtice déſintéreſſée, que je rends univerſellement à tous ceux, dont les travaux ont peuplé ou étendu l'empire des ſciences.

M. de Buffon a lui-même réduit en abregé ſes ſentimens & ſes expériences à la page 420 du ſecond volume de ſon ouvrage. Je les tranſcrirai ici, pour que mes remarques ſoient ſuffiſamment fondées ſur ſes propres paroles.

» Il y a dans la nature une
» matiere qui ſert à la nutrition

» & au développement de tout » ce qui vit ou végete. Cette ma- » tiere opere la nutrition & le » devéloppement, en s'assimi- » lant à chaque partie du corps » de l'animal ou du végétal, & » en pénétrant intimement la » forme de ces parties, que j'ai » appellée le moule intérieur. » Lorsque cette matiere nutri- » tive est plus abondante qu'il » ne faut pour nourrir & dévé- » lopper le corps animal ou vé- » getal, elle est renvoyée de » toutes les parties du corps » dans un ou dans plusieurs ré- » servoirs sous la forme d'une » liqueur. Cette liqueur con- » tient toutes les molécules ana- » logues au corps de l'animal, » & par conséquent tout ce qui » est nécessaire à la reproduc- » tion d'un petit être entiére-

» ment semblable au premier ».

» Lorsque cette matiere nu» tritive & productive, qui est » universellement répandue, a » passé par le moule intérieur » de l'animal ou du végetal, & » qu'elle trouve une matrice » convenable, elle produit un » animal ou un végetal de mê» me espece. Mais lorsqu'elle » ne se trouve pas dans une ma» trice convenable, elle pro» duit des êtres organisés, dif» férens des animaux & des vé» getaux : comme les corps » mouvans & végetans que » l'on voit dans les liqueurs sé» minales des animaux, dans » les infusions des germes des » plantes, &c. »

» Cette matiere productive » est composée de particules » organiques toujours actives,

» dont le mouvement & l'ac-
» tion ſont fixés par les parties
» brutes de la matiere en gé-
» néral, & particuliérement
» par les particules huileuſes &
» ſalines. Mais dès qu'on les
» dégage de cette matiere étran-
» gere, elles reprennent leur
» action, & produiſent diffé-
» rentes eſpéces de végetations
» & d'autres êtres animés qui ſe
» meuvent progreſſivement. »

» On peut voir au microſco-
» pe les effets de cette matiere
» productive dans les liqueurs
» ſéminales des animaux de l'un
» & de l'autre ſexe. La ſemen-
» ce des femelles vivipares eſt
» filtrée par les corps glandu-
» leux, qui croiſſent ſur leurs
» teſticules, & ces corps glan-
» duleux contiennent une aſſez
» bonne quantité de cette ſe-

» mence dans leur cavité inté-
» rieure. Les femelles ovipares
» ont, aussi bien que les fe-
» melles vivipares, une liqueur
» séminale, & cette liqueur
» séminale des femelles ovipares
» est encore plus active que cel-
» le des femelles vivipares. Cet-
» te semence de la femelle est
» en général semblable à celle
» du mâle : elles se décompo-
» sent de la même façon, elles
» contiennent des corps orga-
» niques semblables, & elles of-
» frent également tous les mê-
» mes phenomenes. »

» Toutes les substances ani-
» males ou végetales renfer-
» ment une grande quantité de
» cette matiere organique &
» productive. Il ne faut, pour
» le reconnoître, que separer
» les parties brutes, dans les-

» quelles les particules actives » de cette matiere ſont engagées, & cela ſe fait en mettant ces ſubſtances animales » ou végétales infuſer dans de » l'eau : les ſels ſe fondent, les » huiles ſe ſéparent, & les parties organiques ſe montrent » en ſe mettant en mouvement. » Elles ſont en plus grande » abondance dans les liqueurs » animales que dans toutes les » autres ſubſtances animales, » ou plutôt elles y ſont dans » leur état de développement » & d'évidence : au lieu que » dans la chair elles ſont engagées & retenues par les parties brutes, & il faut les en » ſéparer par l'infuſion. Dans » les premiers tems de cette infuſion, lorſque la chair n'eſt » encore que légerement diſ-

» ſoute, on voit cette matiere
» organique ſous la forme de
» corps mouvans, qui ſont preſ-
» qu'auſſi gros que ceux des li-
» queurs ſeminales. Mais à me-
» ſure que la décompoſition
» augmente, ces parties orga-
» niques diminuent de groſſeur
» & augmentent en mouve-
» ment; & quand la chair eſt
» entiérement décompoſée ou
» corrompue par une longue
» infuſion dans l'eau, ces mê-
» mes parties organiques ſont
» d'une petiteſſe extrême, &
» dans un mouvement d'une ra-
» pidité infinie : c'eſt alors que
» cette matiere peut devenir
» poiſon, comme celui de la
» dent de la vipere ou de la
» farine corrompue du bled er-
» goté.

» Lorſque cette matiere or-

» ganique & productive se trou-
» ve rassemblée en grande quan-
» tité en quelques parties de
» l'animal, où elle est obligée
» de sejourner, elle y forme
» des êtres vivans que nous
» avons toujours regardés com-
» me des animaux, le Tœnia,
» les Ascarides, tous les vers
» qu'on trouve dans les veines,
» dans le foie, &c. Tous ceux
» qu'on tire des playes, la plû-
» part de ceux qui se forment
» dans les chairs corrompues,
» dans le pus, n'ont pas d'au-
» tre origine. Les Anguilles de
» la colle de farine, celles du
» vinaigre, tous les prétendus
» animaux microscopiques, ne
» sont que des formes différen-
» rentes, que prend d'elle-mê-
» me, & suivant les circonstan-
» ces, cette matiere toujours

» active, & qui ne tend qu'à » l'organiſation. Elle ſe mani- » feſte d'abord ſous la for- » me d'une végétation, on la » voit former des filamens qui » croiſſent & s'étendent com- » me une plante qui végete : » enſuite les extrémités & les » nœuds de ces végetations ſe » gonflent, ſe bourſouflent, & » crevent bientôt pour donner » paſſage à une multitude de » corps en mouvement, qui pa- » roiſſent être des animaux. Le » fœtus lui-même dans les pre- » miers tems ne fait que végé- » ter. »

» Les matieres ſaines ne four- » niſſent des molécules en mou- » vement qu'après un tems aſ- » ſez conſiderable; mais plus » ces matieres ſont corrom- » pues, décompoſées ou exal-

» tées, comme le pus, le bled » ergoté, le miel, les liqueurs » séminales, &c. plus ces corps » en mouvement se manifestent » promptement. Ils sont tous » développés dans les liqueurs » séminales : il ne faut que » quelques heures d'infusion » pour les voir dans le pus, » dans le bled ergoté, & dans » le miel. »

» Il existe donc une matiere » organique animée, universel- » lement répandue dans toutes » les substances animales ou vé- » gétales, qui sert également » à leur nutrition, à leur dé- » veloppement & à leur répro- » duction. La nutrition s'ope- » re par la pénétration intime » de cette matiere dans toutes » les parties du corps de l'ani- » mal ou du végetal. Le déve-

» loppement n'eſt qu'une eſpé-
» ce de nutrition plus étendue,
» qui ſe fait & s'opere tant que
» les parties ont aſſez de ducti-
» lité pour ſe gonfler & s'éten-
» dre, & la réproduction ne ſe
» fait que par la même matiere
» devenue ſurabondante au
» corps de l'animal ou du vé-
» gétal ; chaque partie du corps
» de l'un ou de l'autre renvoie
» les molécules organiques,
» qu'elle ne peut plus admet-
» tre : ces molécules ſont abſo-
» lument analogues à chaque
» partie, dont elles ſont ren-
» voyées, puiſqu'elles étoient
» deſtinées à nourrir cette par-
» tie. Dès-lors quand toutes les
» molecules renvoyées de tout
» le corps viennent à ſe raſſem-
» bler, elles doivent former un
» petit corps ſemblable au pre-

» mier, puiſque chaque molé-
» cule eſt ſemblable à la partie
» dont elle a été renvoyée. C'eſt
» ainſi que ſe fait la production
» dans toutes les eſpéces, com-
» me les arbres, les plantes,
» les polypes, les pucerons,
» &c. ou l'individu tout ſeul
» reproduit ſon ſemblable : &
» c'eſt auſſi le premier moyen
» que la nature emploie pour
» la réproduction des animaux,
» qui ont beſoin de la commu-
» nication d'un autre indivi-
» du pour ſe produire : car les
» liqueurs ſéminales des deux
» ſexes contiennent toutes les
» molécules néceſſaires à la ré-
» production ; mais il faut quel-
» que choſe de plus pour que
» cette réproduction ſe faſſe.
» En effet, c'eſt le mélange de
» ces deux liqueurs dans un lieu

» convenable au développe-
» ment de ce qui doit en résul-
» ter, & ce lieu c'est la ma-
» trice de la femelle. »

» Il n'y a donc point de ger-
» mes préexistans, point de
» germes contenus à l'infini les
» uns dans les autres : mais il y
» a une matiere organique tou-
» jours active, toujours prête à
» se mouler, à s'assimiler, & à
» produire des êtres semblables
» à ceux qui la reçoivent. Les
» especes d'animaux & de vé-
» gétaux ne peuvent donc ja-
» mais s'épuiser d'elles-mêmes :
» tant qu'il subsistera des indivi-
» dus l'espece sera toujours tou-
» te neuve : elle l'est autant au-
» jourd'hui qu'elle l'étoit il y a
» trois mille ans : toutes sub-
» sisteront d'elles-mêmes, tant
» qu'elles ne seront pas anéan-

» ties par la volonté du Créa-
» teur. »

C'eſt-là le ſyſtême de M. de Buffon ; je ferois injure aux lumieres de mon Lecteur, ſi je prétendois lui apprendre que l'opinion de M. de Buffon quant au découlement de la liqueur ſéminale de toutes les parties du corps, a beaucoup de reſſemblance avec l'ancienne doctrine d'Hypocrate, mais qu'elle a quelque choſe de particulier, & qu'elle s'éloigne très fort de l'opinion généralement reçue du développement quant à cette matiere organiſée, qui eſt également propre à devenir homme, animal ou plante. Ce ſentiment tire ſans contredit ſa plus grande probabilité de la conformité univerſelle de toute an a ure. Les loix de la peſanteur, de l'attraction & de l'élasticité, dont la domination s'étend infiniment loin, semblent prouver dans la nature un grand penchant à gouverner plusieurs corps par les mêmes forces, & à produire plusieurs effets par les mêmes loix. On découvre aisément les traces d'un esprit créateur dans cet art de produire par les mêmes causes des effets si différens, si contradictoires & si compliqués; & l'on trouve dans cette sagesse œconome des preuves d'une même Divinité, qui gouverne tout, qui dans toutes ses actions choisit toujours les moyens les plus courts, & qui n'est jamais assez prodigue pour employer deux loix, là où une seule peut suffire.

La formation la plus simple

que nous connoissions, c'èst celle des sels, dont la structure ressemble à celle des cristaux. Dans une solution de sel exposée au frais, il se sépare de l'eau malgré son uniformité apparente, une multitude de particules anguleuses, qui selon la diversité des sels, forment des cristaux triangulaires, quadrangulaires & à plusieurs angles. Ces cristaux forment par leur attachement mutuel, & par leur cohérences, différentes espéces de corps réguliers. Tout le monde connoît les particules cubiques du sel commun & du sucre, les pointes triangulaires du nitre & du cristal : les grandes masses de cristal de roche, dont, j'ai vû moi-même des morceaux qui pesoient jusqu'à sept quintaux, & les cristallisations preſque inviſibles des ſels, ſont compoſées de particules entiérement ſemblables, & entre elles & à la maſſe qui en reſulte. L'Homéomerie d'Anaxagore regne d'une façon évidente dans cette partie de la nature, & l'on y voit des particules former un tout, dont la formation eſt conſtante & réguliere, ſans que le moindre ſoupçon de ſemence ou de germe s'y puiſſe gliſſer.

Des ſels aux floccons de neige, aux arbres de Diane, aux pannaches de la glace, s'étend ſans interruption une chaîne d'organiſations, qui ſans aucun autre art ſont produites par la ſeule force de l'attraction. La diſtance ſeroit-elle ſi grande de-là juſqu'à la conferve, qui tantôt petite, tantôt grande, tantôt avec des nœuds, tantôt ſans nœuds, ſelon que le mouvement de l'eau eſt plus ou moins grand, ſe forme ſous nos yeux d'une écume verte ? Et n'y a-t-il pas une grande affinité entre cette plante la plus ſimple de toutes, & le genre des Champignons, & de-là avec tout le regne des végétaux ? Y auroit-il ſi loin de ces organiſations dont nous venons de parler, & qui ſont privées de toute connoiſſance, juſqu'aux animaux les plus ſimples, dont toutes les parties ne ſont qu'une glu ſemblable & uniforme, dans l'écume d'une eau croupie, ou qui ſe recomplettent ſous les ciſeaux du Naturaliſte, d'une colle gluante & humide, dans laquelle ils ſe refondent peu de tems après. Où finit le regne des loix générales, où est le point qui termine leur puissance à former, & au-delà duquel elles deviennent steriles ?

Les considerations que nous venons de faire, doivent uniquement nous préparer à trouver moins paradoxe la doctrine de M. de Buffon. Mais voyons ce que ces expériences lui prouvent. Messieurs de Buffon, d'Aubenton & Needham ont remarqué bien des fois avec des yeux sçavans, que le bled bouilli poûsse un lait, qui se gonfle en forme de cornes & de pointes, qui se fend aux extrémités, & qui laisse sortir par ces fentes des petits corps mobiles, de figure ovale, & entiérement semblables aux autres animaux microscopiques. Ces corps ne sont pas la production de quelques moucherons invisibles : l'eau bouillante qui est un poison mortel pour tous les animaux, pour leurs œufs & leurs germes, n'arrête pas cette force productive.

Ici M. Needham fournit un chaînon de la grande chaîne du regne des végétaux : & bientôt après, M. de Buffon va le lier à un autre, qu'il tire du regne des animaux. On remarque avec le secours du microscope dans la semence de toutes sortes d'animaux des filets noués, des nœuds desquels on voit sortir des globules en mouvement, qui nagent dans la semence, & qui ont une ressemblance très-distincte avec les globules mouvans, qui tirent leur origine de la farine du bled. Ici les empires des animaux & des végétaux, la force générative & la force végétative ſe trouvent liées. La vie eſt un dégré plus haut que la végetation, & celle-ci un dégré plus haut que la criſtalliſation. Une chaîne d'organiſations s'étend ſans interruption depuis l'organiſation d'un Alexandre juſqu'à celle d'un flocon de neige.

Je ne crois pas que l'on m'accuſe de partialité dans l'expoſition de la doctrine & des principes de M. de Buffon. Je m'en vais donc continuer de mettre ſes ſentimens au jour.

Les animaux ſpermatiques de Ham ou de Hartſoeker, que tout le monde connoît, & que l'on attribue ordinairement à Lewenhoek, parce que c'eſt lui qui les a examinés dans le plus grand nombre d'animaux, & qui

qui les a décrits avec le plus de soin, ne sont que des animaux, à bien dire, selon M. de Buffon: ce sont des parties organisées de la matiere productive, & on les voit sortir des nœuds des filets de la semence; ils changent de figure. Au lieu de croître, ils diminuent de volume; ils se débarrassent peu-à-peu de leurs queues, qui ne leur appartiennent pas essentiellement, & ils ne peuvent pas être des animaux, puisqu'on les trouve dans l'infusion de chair rôtie, où la chaleur n'auroit pas manqué de détruire tous les germes de vie qui y auroient été contenus. Enfin ils ne sont pas propres aux animaux mâles; on les remarque aussi, quoiqu'en plus petit nombre, dans le suc des corps glanduleux, qui se trouvent dans les ovaires des femelles. Chacun des deux ſexes a donc ſa ſemence, & dans cette ſemence des particules organiſées en mouvement, qui par leur union produiſent le fœtus. Ici M. de Buffon s'approche de l'opinion des Anciens, qui a ſubſiſté juſqu'au tems de Stenon.

Ces particules ſont entiérement ſemblables à toutes les particules du pere & de la mere : elles en ont pris la figure, pour avoir été logées dans leurs intervalles : la Nature, cette artiſte experte, les a ſéparées des parties brutes & organiſées des ſucs de l'homme, & leur a imprimé l'image de toutes les parties du corps du pere. C'eſt delà que naît la reſſemblance des enfans avec leurs parens, le mélange des traits du pere avec ceux de la mere dans leurs descendans, les taches des animaux, dont le pere & la mere sont de différentes couleurs ; enfin une quantité de questions qui sont presque sans solution dans le système du développement, trouvent ici leur réponse. Si l'on demande de quelle maniere ces particules peuvent recevoir la structure intérieure du corps du pere, pendant qu'elles ne devroient à proprement parler, représenter que des vaisseaux creux ; M. de Buffon répond que nous ne connoissons pas toutes les forces de la Nature ; qu'elle s'étoit réservée, à l'exclusion de ses disciples, les hommes, l'art de façonner continuellement des machines, qui exprimassent exactement la forme intérieure du moule.

Ce que j'ai dit jusqu'à présent suffit pour mon but. J'ai assez laissé parler M. de Buffon: il est tems que je pense à mon Lecteur.

Je ne doute nullement que M. de Buffon ne mérite le prix qu'on doit à tous ceux qui ont élevé la vérité sur les débris d'une erreur généralement reçue. Par ses expériences aussi bien que par celles de M. Needham, il paroît être incontestablement prouvé que les animaux spermatiques ne sont pas une propriété affectée à l'homme, mais qu'ils sont un genre commun de certaines machines qui se trouvent dans la substance de toutes sortes d'animaux & de végétaux placés ſous de certaines circonſtances. Il eſt vrai qu'un homme très-verſé dans l'uſage des microſcopes, & qui a toujours remarqué tous les ſignes de vie dans les hotes de la liqueur ſeminale, me confirme dans l'idée que ces machines pourroient bien être de vrais animaux. M. Needham lui-même s'éloigne ici de ſon ami, & accorde aux animaux ſpermatiques les priviléges de la vie & du mouvement ſpontané.

Mais ne ſeroit-il pas poſſible que ces vers ne fuſſent autre choſe que des inſectes qui naiſſent dans tous les ſucs pourris? & ne les trouve-t-on pas en grande quantité dans la liqueur ſeminale, préciſement parce que les veſſicules de la liqueur ſeminale, & le voiſinage des gros inteſtins ſont la ſituation la plus propre à la pourriture ? Et cette odeur volatile alcaline que rendent toutes les choſes pourries, ne la trouve-t-on pas dans la ſemence de la plûpart des animaux ? Seroit-il bien probable que ces vers euſſent jamais exiſté dans le corps du pere & de la mere en qualité de particules organiſées ? C'eſt ici qu'il m'eſt impoſſible de déférer au ſentiment de M. de Buffon, & les droits éternels de la vérité me font abandonner ſon opinion. Une foule d'objections qui ſe préſentent à la fois à mon eſprit, ſe diſputent le rang.

Je commencerai par les moules intérieurs. Qui eſt-ce qui peut ſe repréſenter quelque choſe de ſemblable ? Eſt-il poſſible que d'une matiere tenace la nature puiſſe produire un être infiniment petit, parfaitement ſemblable au pere, & dont le ſang, par exemple, ſurpaſſât infiniment en délicateſſe celui qui coule dans les veines du pere ? Cette matiere eſt-elle ſuſceptible d'une autre forme que de celle qu'elle prend de l'interſtice des parties nutritives entre leſquelles elle s'eſt trouvée, & dont, ſelon M. de Buffon, ſa propre abondance l'a chaſſée ? Sont-ce ces interſtices élémentaires, qui conſtituent la forme perſonnelle de l'homme ? Eſt-ce delà que celui-ci tient ſon grand nez, & l'autre ſa grande bouche ? Mais peut-être ces objections, & quelques autres qu'on a faites à M. de Buffon, n'ont-elles pas aſſez de force : auſſi ne m'arreterai-je pas à les développer. J'aime mieux nier tout court à M. Buffon que les enfans ressemblent à leurs peres : si je prouve ce point, les enfans ne seront donc plus des images de leurs peres, & le reste de l'édifice tombera de lui-même.

Omettons que sur les exemples qu'on peut alléguer d'enfans, qui ont ressemblé à leurs peres, il y en a toujours un plus grand nombre qui n'ont eu ni traits, ni ressemblance avec leurs peres : je vais plus loin dans mes idées. Il n'y a point d'homme qui par la structure intérieure de son corps ressemble à un autre, & par conséquent point d'enfant qui ressemble à son pere.

C'est l'anatomie qui m'a instruit d'une vérité si fâcheuſe, qui n'a que trop multiplié mes travaux. Si les hommes ſe reſſembloient, on n'auroit beſoin que d'une ſeule deſcription & d'une ſeule repréſentation des arteres de la main, par exemple : ſi une fois ces deſſeins reſſembloient à l'original, ce ſeroit pour toujours. Mais la Nature eſt bien éloignée d'une uniformité auſſi avantageuſe; il n'y a jamais eu deux hommes dont tous les nerfs, toutes les arteres, toutes les veines, & même tous les muſcles & les os n'ayent été infiniment différens. Après avoir fait cinquante deſcriptions des arteres du bras, de la tête ou du cœur, je les ai trouvées toutes les cinquante fois entiérement différentes. Le travail le plus ennuyant du monde eſt aſſurément celui de réduire les arteres à une énumération générale & uniforme. Cette variété regne dans toute la Nature: jamais plante n'a été ſemblable à celle dont elle a été la graine, ce qui cependant, ſelon M. de Buffon, devroit parfaitement avoir lieu, puiſqu'il n'y a point ici de mélange des liqueurs ſéminales du mâle & de la femelle, dont l'une eût pu troubler la ſtructure de l'autre.

Cette variété eſt beaucoup plus grande qu'on n'a coutume de croire dans la façon ordinaire d'enſeigner l'anatomie. Elle eſt ſur-tout ſi grande & ſi infinie dans les nerfs & dans les veines, qu'il eſt preſque impoſſible d'en faire une deſcription, & l'on ſeroit preſque tenté de croire que la nature dans la formation des animaux, non-ſeulement n'a point eu de modéle, mais même qu'elle travaille ſans plan ; ce qui, à la vérité, ſeroit pouſſer le doute trop loin : non-ſeulement il y a une différence conſtante dans la grandeur des branches, dans leurs angles, dans leurs ſituations, dans leurs diviſions, dans les places des valvules, dans les extrémités des petits rameaux ; mais le nombre même des parties eſt différent dans chaque individu. Les grandes branches varient ſouvent, les médiocres toujours, & dans les petites cette variété s'étend conſtamment ſur les deux côtés égaux du même corps. L'enfant n'eſt donc pas l'image de ſon pere : s'il l'étoit, pourroit-il avoir des parties dont ſon pere eſt privé ? Il eſt conſtant chez les Anatomiſtes, que mille & mille millions de vaiſſeaux ſe trouvent encore dans le fœtus, qui ne ſont plus dans les perſonnes adultes & nubiles. Le fœtus a deux arteres ombilicales, une veine du même nom, un ouraque, un timus, un trou ovale, & quantité d'autres parties dont ſon pere eſt privé : il a un double rang de dents, pendant que ſon pere n'en a qu'un ſimple.

Mais l'anatomie n'eſt pas une lumiere qui brille pour tout le monde : allumons donc le flambeau de la Nature, qui jette des rayons juſques ſur les yeux les moins ſçavans. Conſidérons un Hottentot qui n'a plus qu'un teſticule, un Suiſſe auquel, pour les deſcentes ſi communes dans ce peuple laborieux, l'on a coupé dans la jeuneſſe l'un des teſticules : cela s'eſt fait long-tems avant le tems que, ſelon M. de Buffon même, les particules abondantes ſoient renvoyées pour former une liqueur ſéminale. Mais cet Hottentot, ce Suiſſe engendre des enfans, qui ne ſont privés d'aucunes parties, & qui ont les deux teſticules. Un homme qui a perdu une main, une jambe, un œil, ne laiſſe pas d'engendrer des enfans accomplis. Si M. de Buffon étoit tenté d'attribuer à la mere cette main & cet œil de l'enfant, qui manquent au pere ; du moins le teſticule ſeroit hors du pouvoir de la mere, & il ne reſteroit plus rien à M. de Buffon, que d'avoir recours à un adultere univerſel chez toutes ces Nations: accuſation trop dure & trop peu vrai-ſemblable. Ne voit-on pas tous les jours que des chiennes bien enfermées avec un ſeul mâle, & qui ſont auſſi bien que lui privées d'oreilles, font des petits avec des oreilles complettes? Voit-on que les jeunes poulains manquent de dents inciſives, que la jument auſſi bien que l'étalon ont perdu long-tems avant l'accouplement?

Après cet exemple je n'ai pas beſoin de remarquer que des peres boiteux, difformes & défigurés, engendrent des enfans ſains, dont l'épine du dos n'a pas la moindre reſſemblance avec celle des peres. Le premier exemple a beaucoup plus de force, & nous diſpenſe d'en alléguer d'autres.

L'enfant n'eſt donc pas l'image de ſon pere, de même que la plante ne l'eſt pas de celle qui a fourni ſa graine : il en différe entiérement dans toute ſa ſtructure intérieure, & très-ſouvent dans toutes les parties groſſieres, & il eſt toujours plus riche que le pere pour le nombre de ſes organes.

La ſeconde difficulté n'eſt pas moins grande que la premiere, & je ne ſuis pas moins curieux de ſçavoir comment l'ingenieux Auteur la réſoudra. Quand même nous ſuppoſerions pour un moment que les images des interſtices des yeux, des oreilles, puiſſent s'aſſembler dans la liqueur ſéminale ; quand même nous ſuppoſerions qu'ils y conſervent la reſſemblance du corps, dont ils tiennent leur origine, nous verrions cependant ces particules organiſées nager ſans ordre dans la liqueur ſeminale ; & M. de Buffon n'a point encore fait connoître la cauſe qui les met en ordre, qui joint les particules de l'œil du pere avec les particules de l'œil de la mere, les droites avec les droites, & celles du côté gauche avec celles du côté gauche, qui place les particules de l'oreille en leur lieu & dans leur diſtance convenable, qui meſure avec exactitude la ſituation & la proportion de toutes les parties, qui ajuſte mille & mille moitiés ſeparées d'artéres pour en faire un canal complet, qui ſe continue ſelon la longueur du corps; en un mot qui ordonne le corps humain de façon que jamais un œil s'aille attacher au genou, qu'une oreille ne puiſſe ſe coller à la main, & qu'un doigt du pied n'aille jamais s'égarer au cou, qu'un doigt de la main ne ſe place jamais au bout du pied, comme il arrive dans la criſtalliſation des ſels, où l'on trouve à tout moment des pointes, tantôt ſemblables, & tantôt différentes, ſouvent informes, & dans un ordre renverſé. Je ne ſçaurois m'imaginer qu'il puiſſe y avoir entre les particules organiſées de la liqueur ſéminale une différence, une forme qui les diſtingue les unes des autres, & qui ſépare les élémens du pied des élémens de l'œil; & quand même je ſuppoſerois que des veines & des nerfs microſcopiques nageaſſent dans la liqueur ſéminale, je ne trouverois cependant point de force dans la Nature qui pût joindre, ſelon un plan tracé de toute éternité, les parties ſéparées du corps, ces mille & mille millions de veines, de nerfs, de fibres & d'os. Il me ſemble que M. de Buffon a tout-à-fait paſſé par-deſſus cette grande difficulté; ſemblable à Timante, qui au lieu de peindre la douleur d'Agamemnon, crut s'excuſer en lui couvrant le viſage d'un voile M. de Buffon a beſoin ici d'une force, qui ait des yeux, qui faſſe un choix, qui ſe propoſe un but, qui contre les loix d'une combinaiſon aveugle, amene toutes les fois, & immanquablement, le même coup. Car la plûpart des animaux conçoivent dans le premier accouplement, & font toujours des animaux réguliers, en comparaiſon deſquels le nombre des monſtres eſt ſi rare, qu'il s'évanouit quand on l'examine ſelon les regles du calcul. Je ſouhaiterois que M. de Buffon me fît l'honneur de lire & de réſoudre cette objection, qui aſſurément m'a accablé. Il y a des eſprits, qui, ſemblables aux Heros de Virgile, enlevent des poids que pluſieurs hommes d'une force ordinaire ne ſçauroient ébranler.

Il me reſte encore un doute qui ne me paroît pas moins important, & dont je laiſſe l'examen au Lecteur. M. de Buffon n'héſite pas un moment à ſuppoſer dans les femelles la liqueur ſéminale : la moitié de ſon édifice eſt bâti ſur ce fondement, & dans ſon ſyſtême il ne peut abſolument pas s'en paſſer, puiſque ſans un ſuc ſéminal fémelle, les particules organiſées de la liqueur ſéminale du pere, ne pourroient jamais produire que des enfans mâles ; mais je ne trouve pas la moindre preuve de l'exiſtence de cette liqueur ſéminale ; je ne trouve rien qui puiſſe me convaincre, que le beau ſexe en jouiſſe, ni qu'il en repande, & qu'il la mêle avec celle de l'homme. Poſons en fait que l'humeur des corps glanduleux ſoit remplie de particules mouvantes, elle n'aura rien qui ne ſe trouve auſſi-bien dans les autres ſucs humains : le bouillon même de la viande en a de pareilles. Mais c'eſt de ces corps glanduleux mêmes que je vais tirer un argument contre M. de Buffon.

Les teſticules du mâle lui ſont propres depuis ſa premiere jeuneſſe : ils ſont parvenus à leur dégré de maturité , quand il s'accouple , & le ſuc polifique que le mâle répand pour le grand ouvrage de la génération , tire ſon origine des teſticules , qui depuis long-tems ont été préparés pour le fournir.

Mais les fémelles, & ſur-tout la femme, n'ont point de corps glanduleux : toutes les femmes qui ſont mortes ſans concevoir n'en ont jamais eu. Dans le tems qu'une jeune beauté ſaine & nubile a conçu , elle ſe trouve encore entiérement privée de l'inſtrument de la prétendue liqueur ſéminale : où prendra-t-elle donc la liqueur ſéminale elle-même ? C'eſt ici que M. de Buffon commet une faute contre l'anatomie, que nous lui pardonnerons volontiers. Nous devons lui être redevables d'être parvenu à un ſi grand ſçavoir, malgré le tems qu'il a employé au ſervice militaire, plûtôt que d'accuſer ſes lumieres dans des Arts qui étoient ſi fort au-deſſous de ſes occupations. Mais les droits de la vérité ſont invariables, quoique la faute de celui qui les viole ſoit plus ou moins grande, ſelon qu'il a eu plus ou moins d'occaſion & de facilité pour s'inſtruire. Ce ſont les animaux qui engendrent fort vîte & à de petits intervalles, qui ont fait croire à M. de Buffon que toutes les fémelles qui ſont propres à la génération, ont des corps glanduleux, & par conſéquent des liqueurs ſéminales & des particules organiſées. Mais il eſt incontestable que ces corps glanduleux ne ſont pas la cauſe de la fécondation, ils en ſont la ſuite: ils ne naiſſent dans la femme qu'après la conception, & ils ne ſe conſervent qu'un certain tems après l'accouchement, pour diſparoître peu-à-peu, & pour ne jamais être réparés par d'autres corps glanduleux ſemblables, à moins que la femme ne conçoive de nouveau.

Les femmes qui ne viennent que de recevoir les embraſſemens des hommes, n'ayant donc point de corps glanduleux, il eſt conſtant qu'elles n'ont eu aucune liqueur ſéminale, quand elles ont conçu : & le ſyſtême de M. de Buffon tombe de ce côté ſans pouvoir ſe relever. Il ſeroit inutile de nier les faits, ou d'appeller au ſecours de M. de Buffon quelques expériences mal faites ſur les corps glanduleux. J'ai ouvert ſans préjugé & ſans vûe particuliere, cent & cent femmes tant vieilles que jeunes : je ne crois pas avoir trouvé les corps glanduleux au-delà de dix fois, & toujours dans des femmes groſſes diſſéquées dans cet état, ou bientôt après l'accouchement.

D'autres circonſtances, & particulierement l'inſenſibilité

de plusieurs femmes, & de plusieurs animaux fémelles, qui conçoivent, s'opposent au sentiment de ceux qui croyent que toutes les femmes, mêmes celles qui ne sont pas extraordinairement lascives, répandent un suc prolifique dans l'acte de la génération. Quand elles en répandent, il est sûr qu'il n'entre pas dans la matrice, & par conséquent qu'il ne sert point à la génération.

Car d'où viendroit à la matrice cette liqueur séminale ? Qui l'a vue, & qui a jamais trouvé dans le corps de la femme quelque chose qui ressemble à la liqueur séminale de l'homme ? N'est il pas vrai que l'odeur de cette derniere pénétre la chair même des animaux mâles, pendant que celle des femmes eſt douce & ſans exhalaiſons déſagréables.

Je remarque ici en paſſant, que M. de Buffon ne s'eſt pas ſervi d'un trop bon conducteur dans l'anatomie du ſexe féminin. Je nie l'exiſtence de la marque membraneuſe de la chaſteté corporelle. Cette marque cependant exiſte réellement, elle ne manque que quand une action oppoſée à la pureté l'a enlevée. Je l'ai toujours trouvée dans les enfans & dans les filles adultes de tout âge & de toute condition. La nature ne badine jamais, & il n'eſt pas à préſumer qu'il faille enviſager comme un privilége attaché à nos climats froids le gage infaillible qu'elle nous y donne de la chaſteté de nos belles.

Je me ſuis aſſez déclaré contre M. de Buffon. Je n'ai pas naturellement l'eſprit critique, je ne contredis qu'avec une eſpece de répugnance : rien n'eſt plus agréable que d'étendre ſes connoiſſances. Quel plaiſir n'aurois-je pas reſſenti, ſi j'avois pû me flatter d'entrevoir le grand myſtere de la génération ? Mes propres objections retombent ſur moi-meme : elles me privent d'un tréſor que M. de Buffon m'offre, & me renvoyent à la dure néceſſité de chercher par moi-même. Le reſte de cette Préface eſt conſacré à la défenſe de M. de Buffon, & je l'écris avec d'autant plus de plaiſir, que des ſentimens amiables ont une douceur que la diſpute la plus victorieuſe n'a jamais.

Certains amis de la Providence envisagent le système de M. de Buffon & de M. Needham comme dangereux. La matiere, selon ces Sçavans, jouit du droit de se former soi-même. De certaines forces extensives & attractives, universellement répandues, produisent la structure divine d'une Therese ou d'un Newton. La force qui peut créer des hommes, est également propre à bâtir des planettes; & les forces éternelles & nécessaires de la Nature nous dispensent d'un Créateur : elles suffisent sans lui à nous développer l'ordre & la beauté du monde. Bannir cette preuve de la Divinité, c'est priver les hommes d'une conviction, qui par sa clarté a frappé les yeux de toutes les Nations.

C'eſt-là ce qui a excité les craintes d'une partie du Clergé, qui a fixé pendant quelque tems ſon attention ſur l'Ouvrage de M. de Buffon. Mais cette crainte eſt elle fondée ? & la Foi y perdroit-elle, ſi l'expérience accordoit à la Nature des forces productives ?

Je ſuis ſans crainte de ce côté-là. L'exiſtence de Dieu eſt fondée également ſur le monde matériel, & ſur la révélation : celui-là demande à l'Athée un Créateur, & celle-ci, par le rapport des Prophéties avec leurs accompliſſemens, par les miracles & par la conformité du Chiſtianiſme actuellement exiſtant, avec ſes commencemens, fournit une chaîne de preuves qui ne finiſſent pas, & qui ſe prêtent elles-mêmes un appui mutuel.

Il eſt vrai qu'on pourroit nous taxer de trop de libéralité, dans le tems que nous accordons aux eſprits forts que la matiere peut être formée & bâtie par de certaines forces qui lui ſont inhérentes, & que M. Needham a bornée à deux, à la force extenſive, & à la force attractive. Mais ces preuves encore bien éloignées de la réalité de ces forces, ne troublent pas le repos de mon eſprit. La vérité eſt appuyée de tout côté, tout concourt à ſoutenir ſon édifice ; ce n'eſt que l'erreur qui croûle, quand on lui enleve un unique appui qu'elle paroît avoir.

Nous remarquons évidemment que les ſels, les criſtaux, les métaux ſont formés par de certaines forces générales, ſans que le moindre ſoupçon de ſemence ou de germe y trouve place. Deux forces, qui reſſemblent beaucoup aux forces de M. Needham, gouvernent les corps céleſtes dans leur mouvement, & qui eſt-ce qui tire de-là des preuves contre l'exiſtence d'un Créateur?

Eſt-ce l'opinion nouvelle ou l'ancienne, & renouvellée des cauſes finales, qui nous prive du droit de la Providence? Eſt-il poſſible qu'un ſyſtême puiſſe nous enlever cette conviction évidente, que l'œil eſt fait pour nous éclairer, quelleque ſoit ſon origine, ſoit qu'il la tienne d'un germe, ou qu'il ait été formé ſans germe: & dès le moment qu'un œil dans toutes ſes membranes, dans toutes ſes humeurs, dans toutes ſes meſures & ſes proportions, & dans toute la variété de ſa ſtructure accommodée à la variété des animaux, leur eſt donné pour les éclairer, & pour les éclairer dans leurs différentes ſituations, ne devons-nous pas alors reconnoître la volonté d'un Créateur, qui diſtribue tout, qui a fourni à l'homme des mains, qui lui a refuſé les armes naturelles qu'il a données à tous les animaux, qui l'a privé de la longueur de la machoire ſi commode aux brutes, enfin qui lui a refuſé tous les avantages dont il a été liberal envers tous les animaux, & que les mains de l'homme lui rendoient inutiles, mais qui étoient néceſſaires aux bêtes brutes pour leur conſervation.

La matiere a-t-elle donc des vûes ? Eſt-ce par un trait de ſon intelligence qu'elle a donné au poiſſon qui devoit vivre dans un élément plus épais, un criſtallin beaucoup plus rond qu'à l'homme, qui devoit reſpirer un air plus ſubtil ? A-t-elle prévu que l'homme marcheroit ſur ſes pieds, dans le tems qu'elle a deja doublé d'une ſurpeau dure la plante du pied dans le fœtus, de même qu'elle a préparé au chien dans le ventre même de ſa mere, les cals ſur leſquels il doit marcher après ſa naiſſance ? Doit-on avoir recours à la prudence d'une peſanteur ruſée, & d'une élaſticité pénétrante, quand on veut développer la raiſon pour laquelle l'homme doué de la parole, & ſuſceptible de connoiſſances, a ſi peu de délicateſſe dans l'odorat & dans le goût, pendant que les animaux que leur propre expérience doit inſtruire ſur les propriétés ſalutaires ou nuiſibles de leurs alimens, ont les mêmes ſens, & leurs organes beaucoup plus fins & beaucoup plus parfaits? Eſt-ce au choix d'une matiere initiée dans les myſteres de la ſublime géométrie, qu'il faut attribuer la proportion obſervée dans la longueur des doigts de l'homme, qui fait que les doigts qui ſe trouvent ſur les extrémités, ſont les plus petits, de même que les ſegmens extrêmes terminés à l'Orient & à l'Occident d'un globe, ſont les plus petits, pendant que ceux qui paſſent par les poles, & qui doivent les embraſſer ſont plus grands, comme les doigts du milieu le ſont ? Etoit-il inévitablement néceſſaire que les animaux produiſiſſent du lait dans le tems même qu'ils mettent bas, & qu'ils euſſent un nombre de mammelles proportionné à celui de leurs petits ? Du jet d'une matiere aveugle, ne pouvoit-il abſolument point réſulter d'autre ſtructure que celle qui a un rapport ſi admirable avec la nourriture de l'animal nouvellement né ?

Ce n'eſt donc proprement pas le développement, ou la façon de produire qui nous fournit des preuves de l'exiſtence de la Divinité. Nous trouvons les traces de la ſage puiſſance d'un Créateur de la façon la plus évidente dans le rapport merveilleux de la ſtructure avec ſon deſſein.

Si la matiere a des forces qui la rendent propre à former, ne croyons pas qu'elle les tienne d'un deſtin aveugle ; elles ſont enfermées entre des limites éternelles, elles forment toujours en perfection, non pas des êtres mécaniquement égaux, mais des êtres ſemblables, des êtres qui leur ont été preſcrits ſur un plan inviolable, mais avec une variété qui exclut toute contrainte d'une matiere aveuglement efficace. J'ai prouvé que jamais deux hommes, deux animaux ne ſe reſſemblent dans leur ſtructure, quoiqu'il y ait un rapport parfait entre leurs parties principales. Qui eſt-ce qui a donné à la matiere de la liqueur ſéminale la permiſſion de produire plus ou moins de vaiſſeaux, de former plus ou moins de nerfs, de doubler les branches ou de les omettre ? Et qui eſt-ce qui lui a preſcrit en même tems la regle de produire toujours & immanquablement une grande artere, un cœur, les grands nerfs ſympatiques, les grands muſcles, & tout ce qui ſert non-ſeulement à la vie de l'animal, mais ce qui peut contribuer à ſon bonheur ? Si la nature n'étoit pas l'inſtrument d'une Sageſſe ſupérieure, on ne remarqueroit pas moins de différence dans le plan général que dans les petites parties du corps humain, au lieu que la variété regne toujours dans les dernieres claſſes, ſans jamais atteindre à la premiere.

Mais enfin qu'eſt-ce qui a donné ces forces à la matiere ? Si des droits éternels lui en ont aſſuré la poſſeſſion, pourquoi donc le feu n'a-t-il point de peſanteur ? Pourquoi l'eau n'a-t-elle point d'élaſticité ? Pourquoi les métaux n'ont-ils point d'irritabilité ? Et pourquoi les différentes claſſes de matiere jouiſſent-elles de forces différentes, qui ne s'excluent pas les unes & les autres par leur eſſence, mais qui ici ſe trouvent réunies, là ſéparées, & qui manquent abſolument à d'autres parties de la matiere ?

Qui eſt-ce qui rend ces forces ſi ſçavantes & ſi conſtantes dans la production des animaux ? Si les ſeules forces extenſives & attractives de la liqueur ſéminale, forment l'homme ou le cerf, ſi ce n'eſt que le hazard qui s'en mêle, pourquoi donc cette matiere, qui ſelon l'opinion même de M. de Buffon, eſt également propre à toutes ſortes de formes, ne produit-elle jamais, au lieu d'un homme, un ſinge, qui a tant de reſſemblance avec l'homme ? Comment eſt-il poſſible, que d'un ſuc gluant il naiſſe toujours [car j'ai deja dit que les animaux ne s'accouplent preſque jamais ſans concevoir,] il naiſſe toujours, dis-je, un animal, & un animal de la même eſpece que ſes parens ? Cette conſtance ſuffit pour me convaincre contre les expériences de M. Needham, qu'il y a quelque choſe d'antérieurement formé dans la ſemence prolifique de l'homme & des animaux, quoiqu'on ne puiſſe pas dire que ce ſoit une mignature achevée du corps entier. La réproduction invariable d'animaux toujours ſemblables & toujours divinement bien conſtruits, ſemble être au-deſſus de ces forces ſimples, qui ne produiſent qu'une conferve, qu'un ſel, qu'un criſtal, qu'un animal microſcopique de figure ovale, deſtitué de cœur & de membre, dont la vie ne conſiſte que dans la ſeule irritabilité, & dont la forme entiere eſt incertaine? Les criſtalliſations mêmes des ſels ſemblent originairement être fondées ſur la figure actuellement formée des particules ſalines, & non pas ſur une ſimple force attractive; car le nitre fondu eſt encore nitre quant au goût,

& quant à toutes les autres propriétés, quoique ſes criſtaux ſoient diſſous dans l'eau. Mais laiſſons - là cette matiere que je ne ſçaurois développer ici : je m'écarte trop de mon ſujet.

Il ſuffit de dire que M. de Buffon, & même M. Needham, ne portent pas plus de préjudice à la Religion, que n'en a porté Newton, qui par le moyen de deux forces, a développé le ſyſtême admirable de l'Univers, & les loix ſecretes de la révolution des corps céleſtes. La doctrine de M. de Buffon eſt encore moins dangereuſe que celle de M. Needham. Sa matiere organiſée ſe moule dans l'homme même pour devenir un homme : mais après le tems que la terre a été embraſée par le feu, & inondée par un océan universel, les hommes ont dû être produits sans moule, puisque l'eau & le feu ne leur auroient pû laisser de pere, dont ils eussent pû tirer leur origine. Leur structure, ce modéle général du genre humain, est donc, selon M. de Buffon même, sorti immédiatement des mains de Dieu dans le tems que la terre s'est desséchée. Son systême n'offre aucun autre plan pour commencer le genre humain. La nature ne se donne pas elle même la forme chez M. de Buffon, elle ne fait que copier des moules deja créés.

Nous pouvons donc attendre sans inquiétude, si les expériences des gens entendus combattront les forces végétales & animales de M. Needham : de nouvelles lumieres nous approcheront toujours de la vérité , & de Dieu par le moyen de la vérité.

F I N.

www.ingramcontent.com/pod-product-compliance
Ingram Content Group UK Ltd.
Pitfield, Milton Keynes, MK11 3LW, UK
UKHW020953180726
13838UKWH00003B/1300

9 782329 367880